儿童趣味百科

英国数学真简单团队/编著　华云鹏　杨雪静/译

DK儿童数学分级阅读 第三辑

乘法和除法

数学真简单！

U0243333

电子工业出版社.

Publishing House of Electronics Industry

北京·BEIJING

Original Title: Maths—No Problem! Multiplication and Division, Ages 7−8 (Key Stage 2)

Copyright © Maths—No Problem!, 2022

A Penguin Random House Company

版权贸易合同登记号　图字：01-2024-1629

图书在版编目（CIP）数据

DK儿童数学分级阅读. 第三辑. 乘法和除法 / 英国数学真简单团队编著；华云鹏，杨雪静译. --北京：电子工业出版社，2024.5
ISBN 978−7−121−47726−3

Ⅰ．①D… Ⅱ．①英… ②华… ③杨… Ⅲ．①数学－儿童读物 Ⅳ．①O1−49

中国国家版本馆CIP数据核字（2024）第078130号

出版社感谢以下作者和顾问：Andy Psarianos, Judy Hornigold, Adam Gifford和Anne Hermanson博士。
已获Colophon Foundry的许可使用Castledown字体。

责任编辑：张莉莉
印　　刷：鸿博昊天科技有限公司
装　　订：鸿博昊天科技有限公司
出版发行：电子工业出版社
　　　　　北京市海淀区万寿路173信箱　　邮编：100036
开　　本：889×1194　1/16　印张：18　　字数：303千字
版　　次：2024年5月第1版
印　　次：2024年11月第2次印刷
定　　价：128.00元（全6册）

凡所购买电子工业出版社图书有缺损问题，请向购买书店调换。若书店售缺，请与本社发行部联系，联系及邮购电话：（010）88254888，88258888。
质量投诉请发邮件至zlts@phei.com.cn，盗版侵权举报请发邮件至dbqq@phei.com.cn。
本书咨询联系方式：（010）88254161转1835，zhanglili@phei.com.cn。

www.dk.com

目 录

鲁比　　艾略特　　阿米拉　　查尔斯　　露露　　萨姆　　奥克　　霍莉　　拉维　　艾玛　　雅各布　　汉娜

3做乘数

准备

阿米拉用雪糕棍拼图形。

如果拼6个这样的图形，阿米拉需要用多少根雪糕棍？

举例

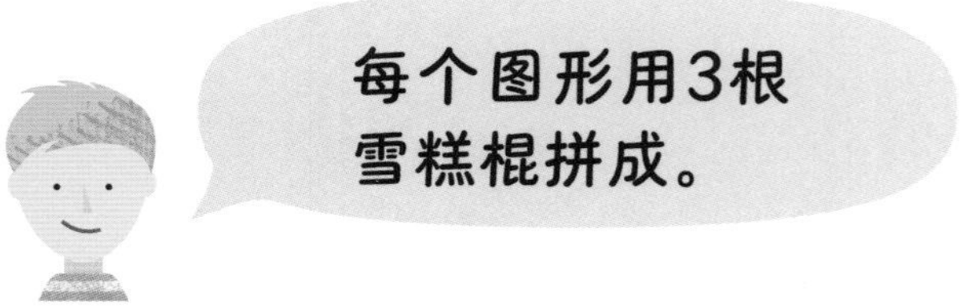

每个图形用3根雪糕棍拼成。

1个3
$1 × 3 = 3$

2个3
$2 × 3 = 6$

3个3
$3 × 3 = 9$

4个3
$4 × 3 = 12$

5个3
$5 × 3 = 15$

6个3
$6 × 3 = 18$

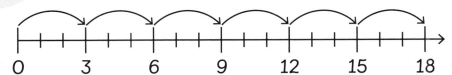
可以在数线上以3为单位计数。

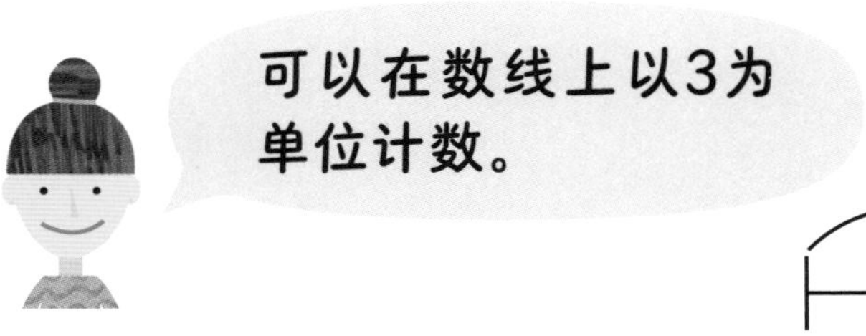

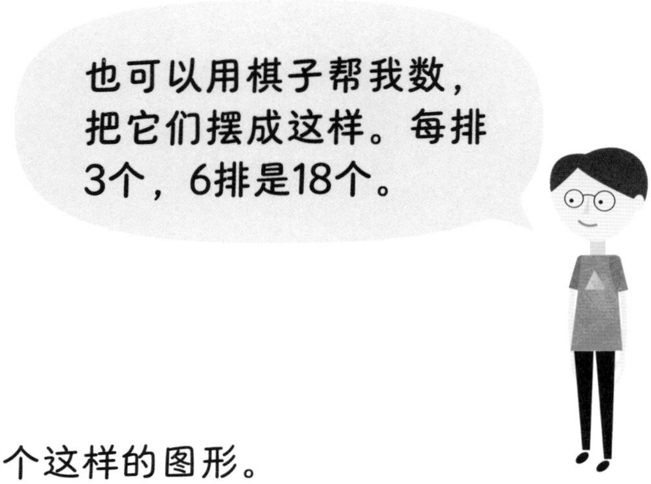

也可以用棋子帮我数，把它们摆成这样。每排3个，6排是18个。

阿米拉需要18根雪糕棍拼成6个这样的图形。

 练习

1 填空。

(1)

$3 \times 2 =$

$3 \times 4 =$

(2)

$3 \times 3 =$

(3)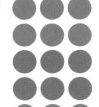

$3 \times \boxed{} = \boxed{}$

2 连一连。

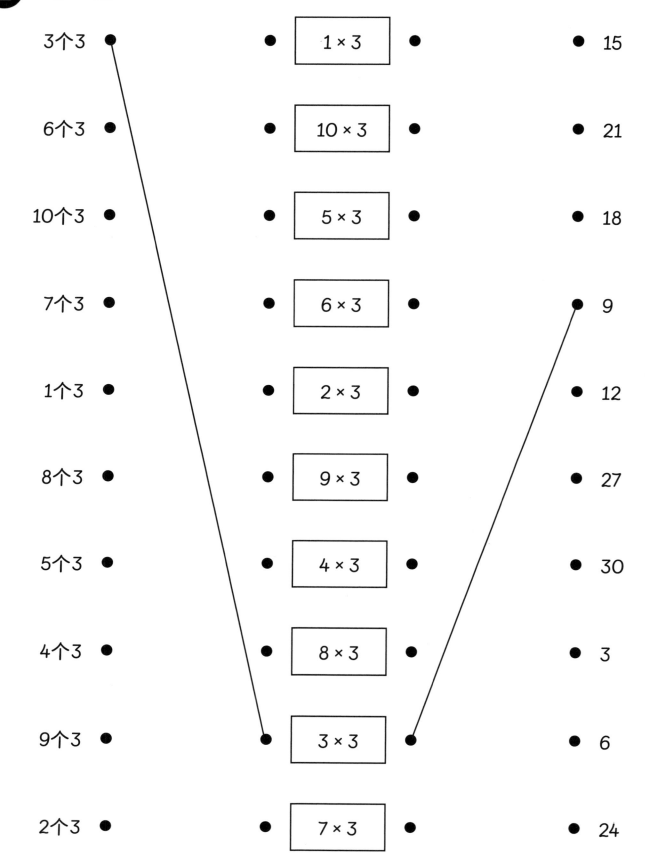

3个3

6个3

10个3

7个3

1个3

8个3

5个3

4个3

9个3

2个3

1 × 3	15
10 × 3	21
5 × 3	18
6 × 3	9
2 × 3	12
9 × 3	27
4 × 3	30
8 × 3	3
3 × 3	6
7 × 3	24

3 面包师烤面包，每批烤3个。
他上午烤了4批，下午烤了5批。

上午　　| 3 | 3 | 3 | 3 |

下午　　| 3 | 3 | 3 | 3 | 3 |

(1) 面包师上午烤了多少个面包？

他上午烤了 ⬚ 个面包。

(2) 面包师下午烤了多少个面包？

他下午烤了 ⬚ 个面包。

(3) 面包师上午和下午一共烤了多少个面包？

他上午和下午一共烤了 ⬚ 个面包。

4做乘数

准 备

店主有多少个桃子出售？

举 例

可以每4个一数。
每篮都是4个桃子。

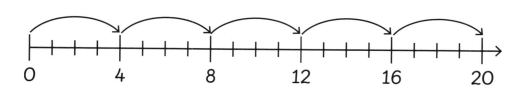

一共有5个4。
$5 × 4 = 20$

店主有20个桃子出售。

1 填空。

(1) 　　　　　　　　　$1 \times 4 = 4$

(2) 　　　　　　　　$2 \times 4 = \boxed{}$

(3) 　　　　　　　$3 \times 4 = \boxed{}$

(4) 　　　　$\boxed{} \times 4 = \boxed{}$

(5) 　　　$\boxed{} \times 4 = \boxed{}$

(6) 　　$\boxed{} \times 4 = \boxed{}$

(7) 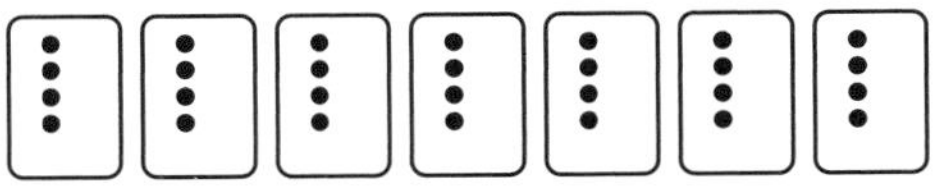 　　　　$\boxed{} \times 4 = \boxed{}$

(8) 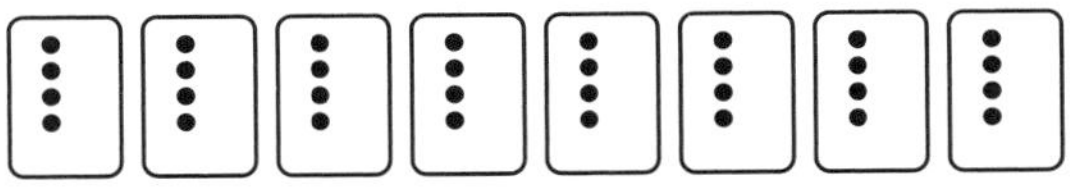 　　　$\boxed{} \times 4 = \boxed{}$

(9) 　　　$\boxed{} \times \boxed{} = \boxed{}$

(10) 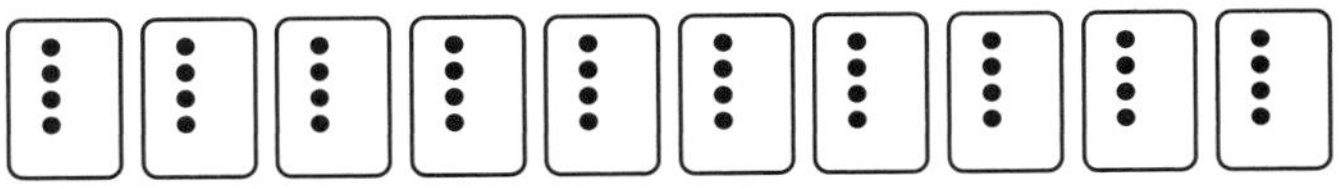 　　$\boxed{} \times \boxed{} = \boxed{}$

2 一共有多少瓶饮料？

$4 \times \boxed{} = \boxed{}$

一共有 $\boxed{}$ 瓶饮料。

3 1袋鸡肉卷里有6个。
4袋鸡肉卷有多少个？

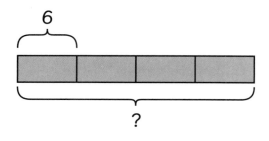

4袋鸡肉卷有 $\boxed{}$ 个。

4 艾略特的铅笔数量是艾玛的4倍。艾玛有5支铅笔。
艾略特有多少支铅笔？

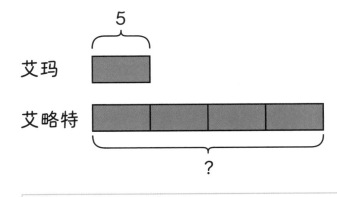

艾略特有 ☐ 支铅笔。

5 填空并计算。
上学期萨姆读了2本书。露露读的本数是萨姆的3倍。

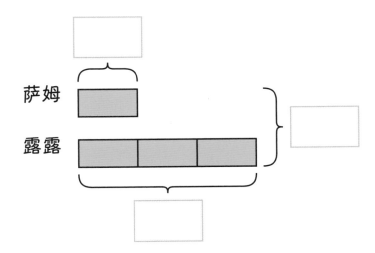

萨姆和露露上学期一共读了多少本书？

☐ × 4 = ☐

萨姆和露露上学期一共读了 ☐ 本书。

8做乘数

准 备

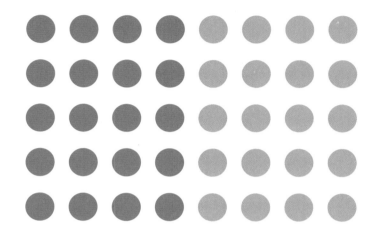

一共有多少枚棋子？

举 例

每排有4枚红棋子和4枚蓝棋子。

$1 × 4 = 4$ $1 × 8 = 8$

$2 × 4 = 8$ $2 × 8 = 16$

$3 × 4 = 12$ $3 × 8 = 24$

$4 × 4 = 16$ $4 × 8 = 32$

$5 × 4 = 20$ $5 × 8 = 40$

一共有40枚棋子。

1 填空。

(1) 4 × 8 = ☐

(2) 3 × 8 = ☐

(3) ☐ × 8 = 8

(4) 5 × 8 = ☐

(5) 8 × 8 = ☐

(6) 8 × 10 = ☐

(7) ☐ × 8 = 56

(8) 9 × 8 = ☐

(9) 2 × 8 = ☐

(10) ☐ × 8 = 48

2 连线。

| 8 × 5 | ● | ● | 32 |

| 3 × 8 | ● | ● | 6 × 4 |

| 64 | ● | ● | 8 × 8 |

| 4 × 8 | ● | ● | 4 × 10 |

3 做除数

准 备

查尔斯打算把网球装在筒里收纳起来。

查尔斯需要多少个筒？

举 例

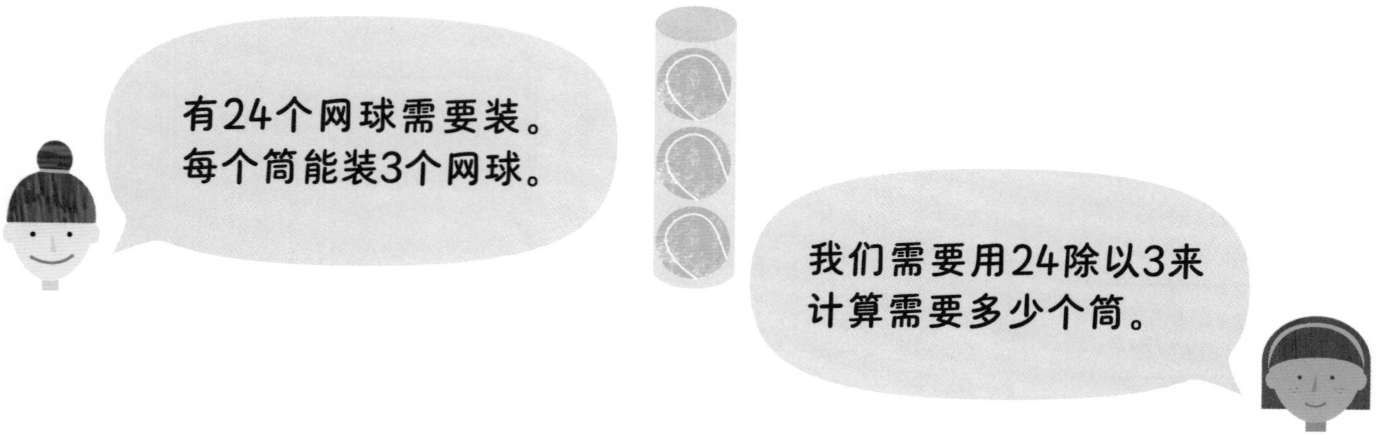

有24个网球需要装。
每个筒能装3个网球。

我们需要用24除以3来
计算需要多少个筒。

查尔斯把这些网球收纳起来需要8个筒。

1

(1) 每3枚棋子为一组，圈一圈有几组并填空。

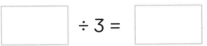 ÷ 3 =

一共有 组棋子。

(2) 圈一圈，把星星平均分成3组并填空。

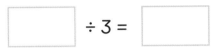 ÷ 3 =

每组有 颗星星。

2 完成除法运算并填空。

(1) 21 ÷ 3 =

(2) 15 ÷ 3 =

(3) ÷ 3 = 10

(4) ÷ 3 = 6

3 奥克要把24个甜甜圈装在盘子里，举办派对时使用。每个盘子要装3个甜甜圈。奥克需要多少个盘子？

奥克需要 个盘子。

4 1卷布料有27米长，需要把它裁成3块同样长的布料。每块布料长几米？

每块布料长 米。

27米

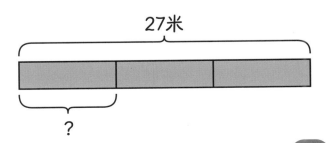

?

4做除数

准 备

孩子们想平均分这盒巧克力。

每个孩子能分到多少块巧克力？

举 例

盒子里有12块巧克力。

我们需要用12除以4。
12 ÷ 4 = 3

每个孩子分到3块巧克力。

1 圈一圈，把棋子平均分成4组并填空。

$$\boxed{} \div 4 = \boxed{}$$

每组有 $\boxed{}$ 枚棋子。

2 每4枚棋子为一组，圈一圈有几组并填空。

$$\boxed{} \div 4 = \boxed{}$$

一共有 $\boxed{}$ 组棋子。

3 填空。

(1) $16 \div 4 = \boxed{}$

(2) $12 \div 4 = \boxed{}$

(3) $36 \div 4 = \boxed{}$

(4) $\boxed{} \div 4 = 6$

(5) $28 \div 4 = \boxed{}$

(6) $\boxed{} \div 4 = 8$

4 4个孩子平均分8块比萨。
每个孩子分到几块比萨？

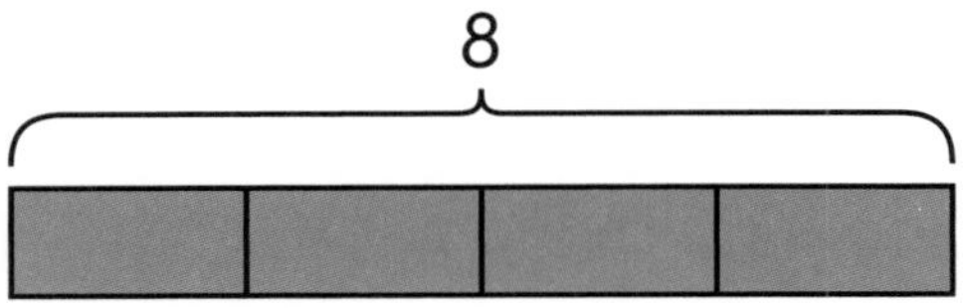

8

每个孩子分到 ▢ 块比萨。

5 为了准备野餐，查尔斯和他的朋友需要在每张桌子旁边摆4把椅子。
一共有32把椅子。
他们能为多少张桌子摆好椅子？

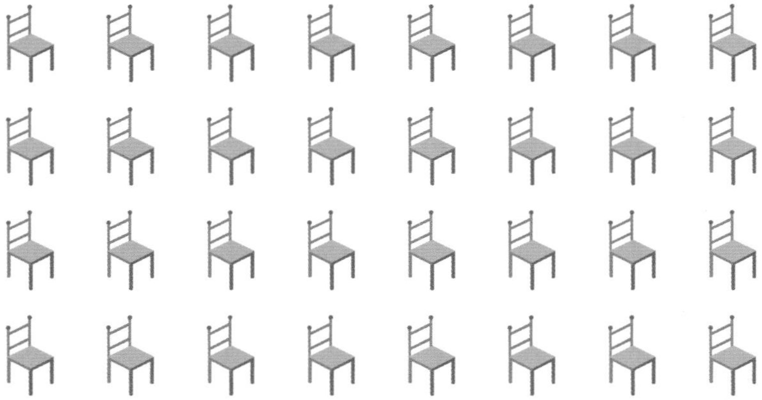

查尔斯和他的朋友可以为 ▢ 张桌子摆好椅子。

6 艾玛和拉维在游戏中一共取得了40分。
艾玛的得分是拉维的3倍。
拉维取得了多少分？

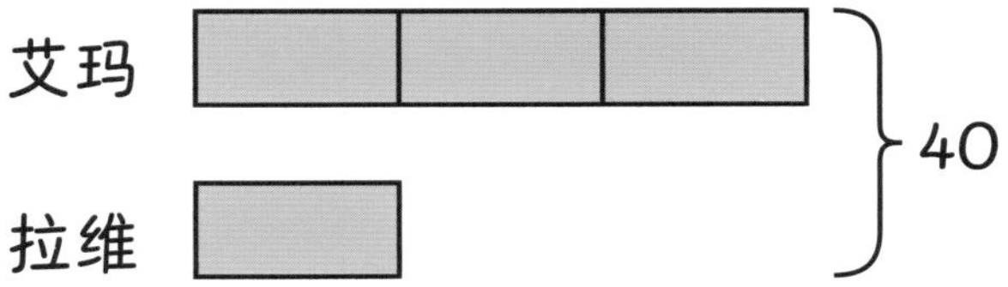

艾玛				⎫
拉维				⎬ 40

拉维取得了 ☐ 分。

7 艾略特种出了36个西红柿。
他将一些西红柿送给了奥克。
艾略特现有的西红柿数量是奥克的3倍。
他送给奥克多少个西红柿？

艾略特送给奥克 ☐ 个西红柿。

8做除数

准 备

汉娜和艾略特需要为野餐买40瓶饮料。

每箱有8瓶饮料。

他们需要买多少箱饮料？

举 例

我们需要用除法算出需要多少箱。

每箱有8瓶。
$40 ÷ 8 = 5$

果汁 8瓶装

汉娜和艾略特需要为野餐买5箱饮料。

1 每8枚棋子为一组，圈一圈有几组并填空。

$$\boxed{} \div 8 = \boxed{}$$

一共有 $\boxed{}$ 组棋子。

2 圈一圈，把棋子平均分成8组并填空。

$$\boxed{} \div 8 = \boxed{}$$

每组有 $\boxed{}$ 枚棋子。

3 填空。

(1) $8 \div 8 = \boxed{}$

(2) $24 \div 8 = \boxed{}$

(3) $64 \div 8 = \boxed{}$

(4) $32 \div 8 = \boxed{}$

(5) $16 \div 8 = \boxed{}$

(6) $72 \div 8 = \boxed{}$

(7) $40 \div 8 = \boxed{}$

(8) $\boxed{} \div 8 = 6$

(9) $\boxed{} \div 8 = 10$

(10) $\boxed{} \div 8 = 7$

4 纸牌游戏中要用48张牌。8位玩家每人拿到的纸牌数量相等。每位玩家拿到几张牌?

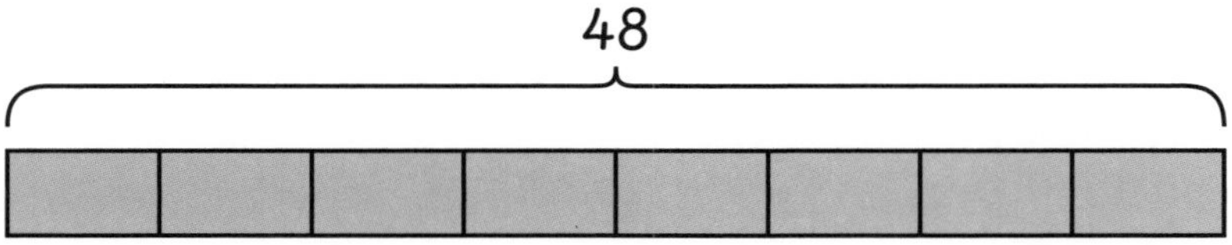

48

每位玩家拿到 [ ] 张牌。

5 学校买了56本新书。孩子们放满一个书架需要8本书。孩子们可以用新书放满多少个书架?

孩子们可以用新书放满 [ ] 个书架。

6 拉维有1包卡片，鲁比有3包卡片，艾略特有4包卡片。他们3个人总共有80张卡片。每包里装的卡片数量相等。

每包里有多少张卡片？

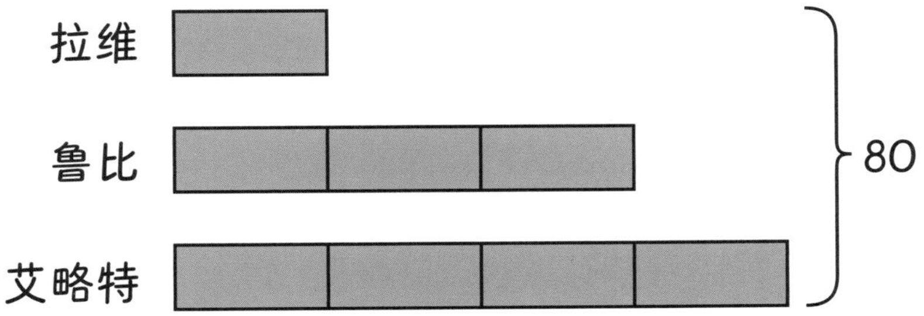

拉维

鲁比

艾略特

}80

每包里有 ☐ 张卡片。

7 艾玛表姐的晚宴有72位客人参加。

艾玛需要帮忙摆放桌子，每张桌子安排8位客人。

艾玛需要摆 ☐ 张桌子。

两位数乘法

准 备

店主有多少颗鸡蛋出售？

举 例

每盒装有1打鸡蛋。一共有4盒。

1打等于12。

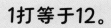

我们可以把12分成1个十和2个一。

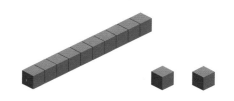

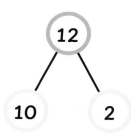

我们可以先用个位数字乘4。
$2 \times 4 = 8$

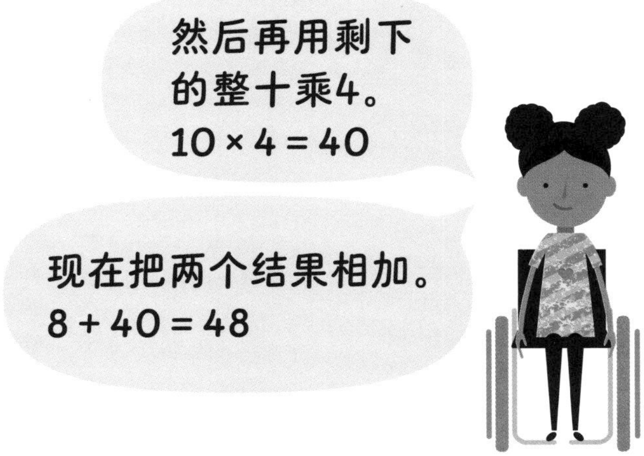

然后再用剩下的整十乘4。
$10 \times 4 = 40$

现在把两个结果相加。
$8 + 40 = 48$

店主有48颗鸡蛋待售。

练 习

计算并填空。

1 $21 \times 4 = $ ☐

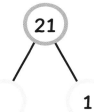
21 → ○ 1

2 $43 \times 2 = $ ☐

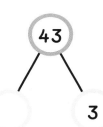
43 → ○ 3

3 $32 \times 3 = $ ☐

32 → ○ 2

4 $23 \times 2 = $ ☐

23 → ○ 3

5 $13 \times 4 = $ ☐

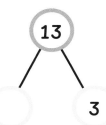
13 → ○ 3

6 $34 \times 4 = $ ☐

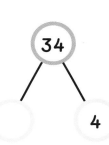
34 → ○ 4

进位乘法

准 备

艾玛和姑妈一起用计算机为这些水果罐头设计标签。艾玛打印了7版。每版有36张标签。

她打印了多少张标签？

举 例

每版有36张标签，一共7版。

36 × 7 = ？

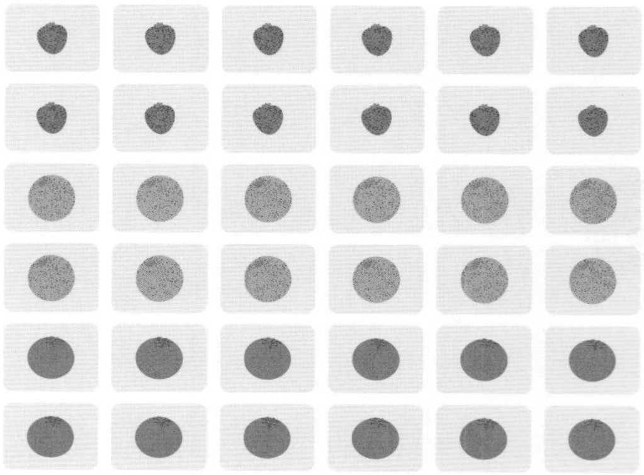

方法1

第一步　　用个位乘7

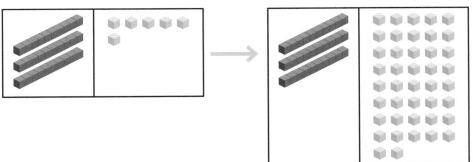

第二步　　向十位进4

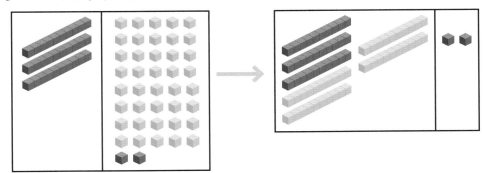

42个一 = 4个十 + 2个一

第三步　　用十位乘7

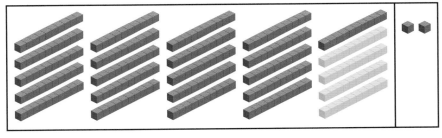

3个十 × 7 = 21个十

第四步　　把结果相加

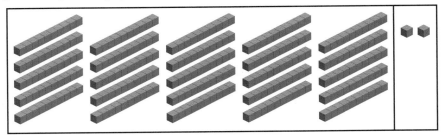

42 + 210 = 252

36 × 7 = 252

	十	个
	3	6
×		7
	4	2

百	十	个
	3	6
×		7
	4	2
2	1	0

	百	十	个
		3	6
×			7
		4	2
+	2	1	0
	2	5	2

方法2

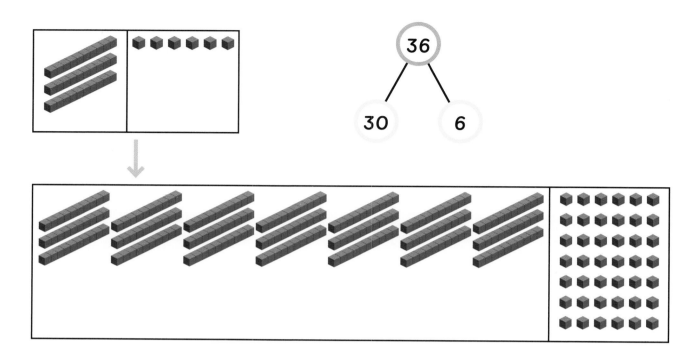

第一步　将个位数字相乘

6个一 × 7 = 42个一

42个一 = 4个十 + 2个一

	十	个
	3	6
×	(4个十) 4	7
		2 (2个一)

第二步　将十位数字相乘

3个十 × 7 = 21个十

21个十 + 4个十 = 25个十

25个十 + 2个一 = 252

36 × 7 = 252

	百	十	个
		3	6
×		4	7
	2	5	2

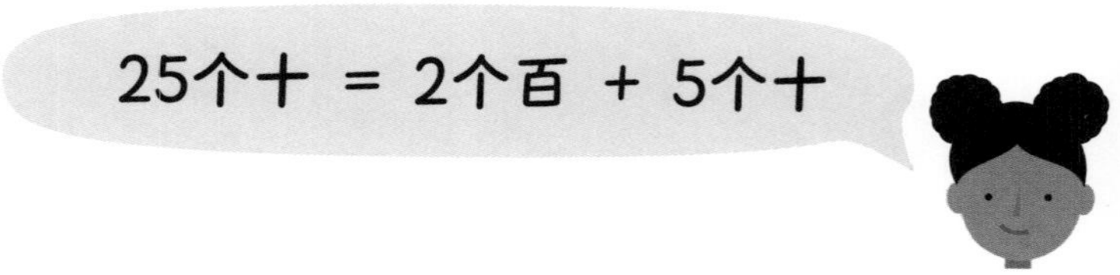

25个十 = 2个百 + 5个十

艾玛打印了252张标签。

1 做乘法。

(1)
百	十	个
	3	6

× 3

(2)
百	十	个
	7	2

× 4

(3)
百	十	个
	2	4

× 7

(4)
百	十	个
	4	6

× 3

(5)
百	十	个
	4	8

× 8

(6)
百	十	个
	8	6

× 7

2 游泳池长25米。
露露游了9个游泳池那么长的距离。
露露一共游了多少米?

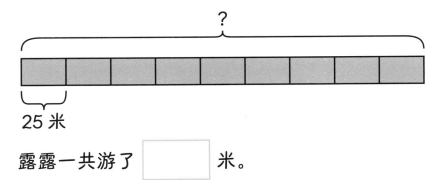

25 米

露露一共游了 ☐ 米。

两位数除法

准 备

艾玛和查尔斯想平均分配卡片来玩游戏。

他们共有64张卡片。

每人分到多少张卡片？

举 例

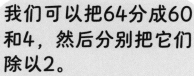
我们可以把64分成60和4，然后分别把它们除以2。

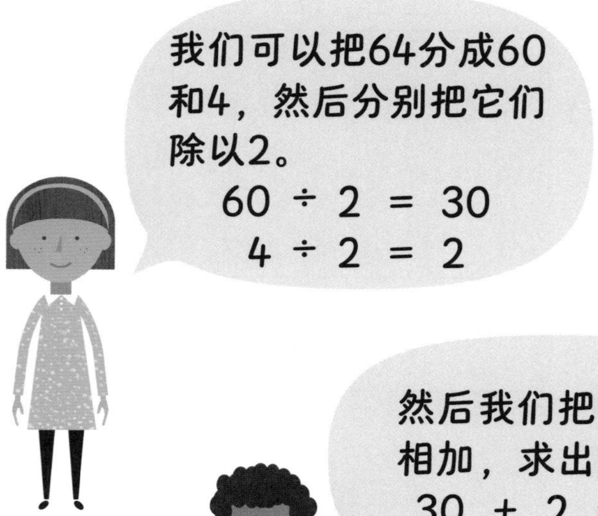

$60 \div 2 = 30$

$4 \div 2 = 2$

64

60   4

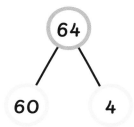
然后我们把两个商相加，求出结果。

$30 + 2 = 32$

一个数除以另一个数，得到的结果叫作商。

每人分到32张卡片。

计算并填空。

1   69 ÷ 3 = ⬚

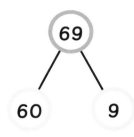

2   48 ÷ 2 = ⬚

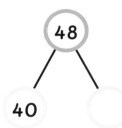

3   96 ÷ 3 = ⬚

4   84 ÷ 4 = ⬚

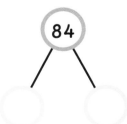

拆分除法

准 备

雅各布和艾略特要怎么计算51 ÷ 3？

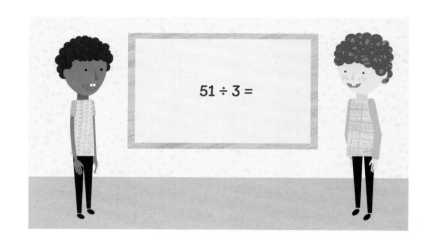

$$51 \div 3 =$$

举 例

我尝试把51分成50和1，但是1没办法被除。

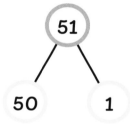

或许有更好的方法拆分51。

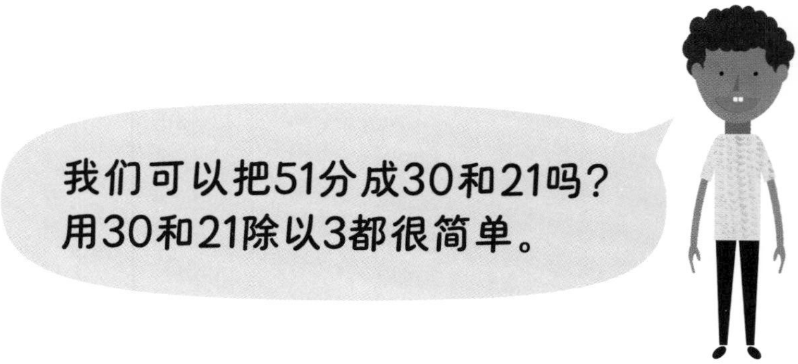

我们可以把51分成30和21吗？用30和21除以3都很简单。

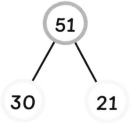

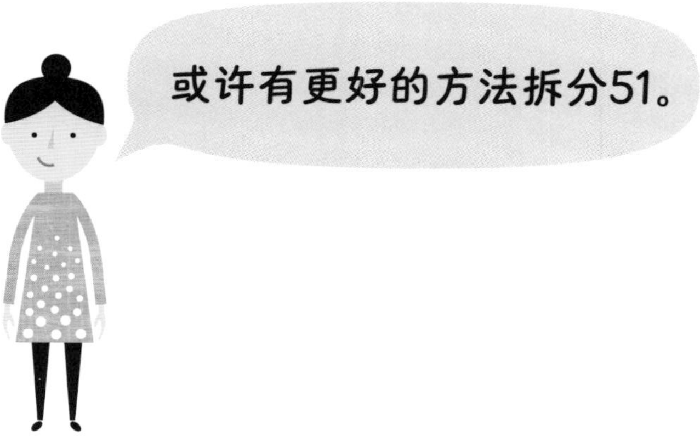

计算并填空。

1　64 ÷ 4 = ☐

2　70 ÷ 5 = ☐

3　81 ÷ 3 = ☐

4　96 ÷ 6 = ☐

长除法

准 备

这种除法的算法叫作长除法。

长除法是怎么运算的？

举 例

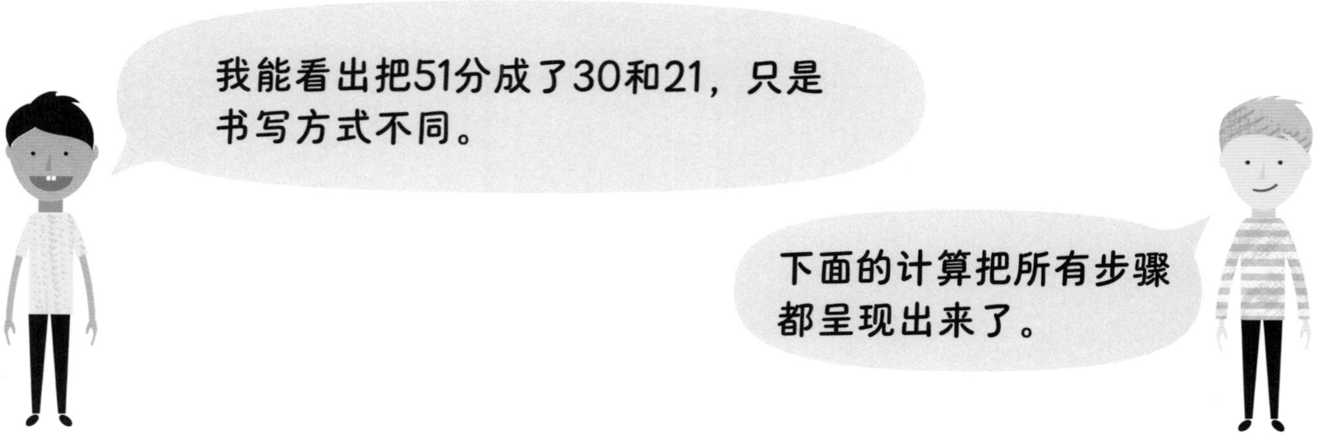

我能看出把51分成了30和21，只是书写方式不同。

下面的计算把所有步骤都呈现出来了。

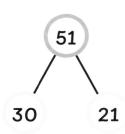

51 → 30, 21

```
      1 7
3 ) 5 1
  - 3 0
    2 1
  - 2 1
      0
```

第一步 从51中减去30
第二步 从21中减去21

3个十 ÷ 3 = 1个十

1个十   7个一

```
      1 7
3 ) 5 1
  - 3 0
    2 1
  - 2 1
      0
```

21个一 ÷ 3 = 7个一

1个十 + 7个一 = 17
51 ÷ 3 = 17

还有一种方法叫作短除法。

短除法

```
      1 7
3 ) 5 1
       2
```

长除法

```
      1 7
3 ) 5 1
  - 3 0
    2 1
  - 2 1
      0
```

短除法和长除法的步骤相同，但是我们没有全部写出来。

计算并填空。

1   72 ÷ 3 = ⬚

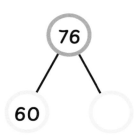

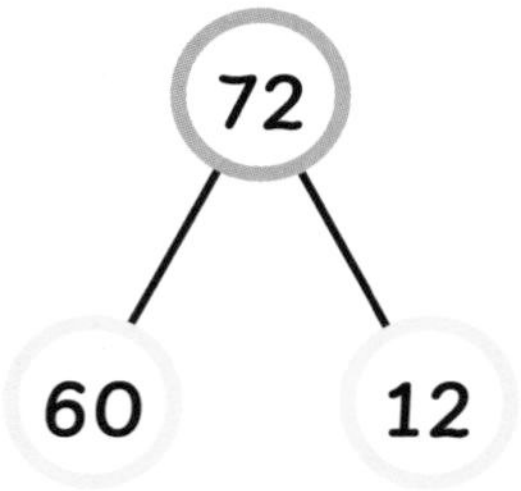

```
      2  ⬚
  ┌─────────
3 )   7   2
  -   6   0
  ─────────
      1   2
  - ⬚   ⬚
  ─────────
          0
```

2   76 ÷ 2 = ⬚

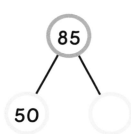

```
      3  ⬚
  ┌─────────
2 )   7   6
  -   6   0
  ─────────
    ⬚   ⬚
  - ⬚   ⬚
  ─────────
          0
```

3   85 ÷ 5 = ⬚

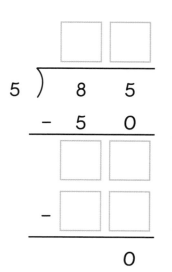

```
    ⬚   ⬚
  ┌─────────
5 )   8   5
  -   5   0
  ─────────
    ⬚   ⬚
  - ⬚   ⬚
  ─────────
          0
```

4 87 ÷ 3 = ☐

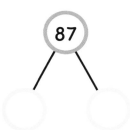

```
      ☐ ☐
3 ) 8   7
  - ☐ ☐
  ─────
    ☐ ☐
  - ☐ ☐
  ─────
       0
```

5 萨姆的爸爸45岁，年龄是萨姆的5倍，是萨姆弟弟的9倍。
萨姆和他的弟弟多大了？

萨姆 ☐ 岁了，他的弟弟 ☐ 岁了。

短除法

花店店主需要把所有的花都放进5个花瓶里，并使每个花瓶中装有同样数量的花。

他应该在每个花瓶里装多少花？

举 例

拉维的方法

箱子里有75朵花。我可以把75分成50和25。

50 ÷ 5 = 10 25 ÷ 5 = 5
然后我们把两个商相加。
10 + 5 = 15

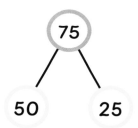

花商应该在每个花瓶里装15朵花。

雅各布的方法

```
        1   5
     ┌─────────
  5  )   7   5
     -   5   0
     ─────────
         2   5
     -   2   5
     ─────────
             0
```

我喜欢用长除法来计算，因为这样我可以看到完整的步骤。

汉娜的方法

我喜欢用短除法来计算。我可以在大脑中运算，不用写太多步骤。

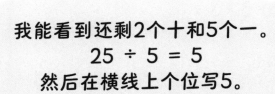
$$5\overline{)7\ _25}$$
$$\quad\quad 1\quad\quad 5$$

7除以5商为1。我在横线上十位写1，然后做减法。7个十 － 5个十＝2个十 再把剩下的2个十写在个位的旁边。

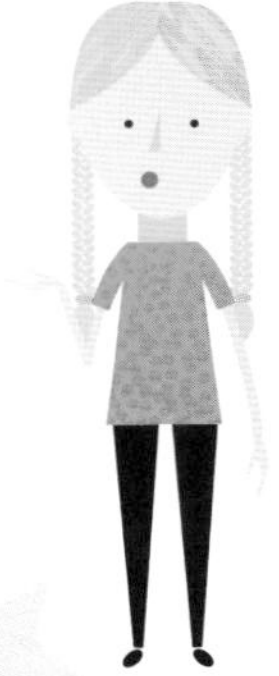

我能看到还剩2个十和5个一。
25 ÷ 5 = 5
然后在横线上个位写5。

练 习

用汉娜的方法做除法运算。

1 96 ÷ 6 = ☐

$$6\overline{)9\quad 6}$$

2 91 ÷ 7 = ☐

$$7\overline{)9\quad 1}$$

3 85 ÷ 5 = ☐

$$5\overline{)8\quad 5}$$

4 75 ÷ 5 = ☐

$$5\overline{)7\quad 5}$$

5 96 ÷ 4 = ☐

$$4\overline{)9\quad 6}$$

6 94 ÷ 2 = ☐

$$2\overline{)9\quad 4}$$

回顾与挑战

1 计算并填空。

(1) $3 \times 7 =$ [ ]

(2) $3 \times 4 =$ [ ]

(3) $3 \times 3 =$ [ ]

(4) $8 \times 3 =$ [ ]

(5)

一共 [ ] 盘小蛋糕，每盘 [ ] 个。

$3 \times$ [ ] $=$ [ ]

(6)

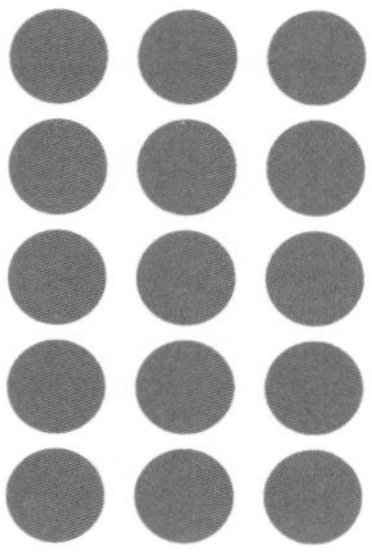

一共 [ ] 排棋子，每排 [ ] 枚。

[ ] $\times$ [ ] $=$ [ ]

2 计算并填空。

(1) 4 × 9 = ⬚

(2) 4 × 8 = ⬚

(3) 4 × 5 = ⬚

(4) 7 × 4 = ⬚

(5)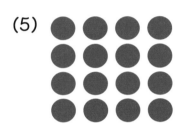

一共 ⬚ 排棋子，每排 ⬚ 枚。

⬚ × ⬚ = ⬚

(6)

一共 ⬚ 排棋子，每排 ⬚ 枚。

⬚ × ⬚ = ⬚

③ 连线。

| 4 × 8 | ● | | ● | 16 |

| 5 × 8 | ● | | ● | 8 |

| 10 × 8 | ● | | ● | 24 |

| 2 × 8 | ● | | ● | 32 |

| 9 × 8 | ● | | ● | 40 |

| 1 × 8 | ● | | ● | 64 |

| 8 × 8 | ● | | ● | 56 |

| 3 × 8 | ● | | ● | 72 |

| 7 × 8 | ● | | ● | 80 |

计算。

(1) 27 ÷ 3 = ☐

(2) 30 ÷ ☐ = 3

(3) 32 ÷ 4 = ☐

(4) 32 ÷ 8 = ☐

5 (1) 每4枚棋子为一组，圈一圈有几组并填空。

(2) 每8枚棋子为一组，圈一圈有几组并填空。

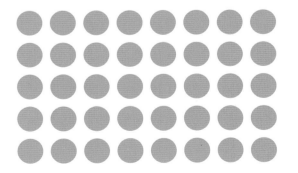

40 ÷ 4 = ☐

40 ÷ ☐ = ☐

(3) 圈出4组平均分的棋子并填空。

$$\boxed{} \div 4 = \boxed{}$$

(4) 圈出8组平均分的棋子并填空。

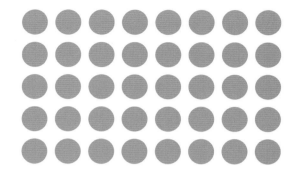

$$\boxed{} \div 8 = \boxed{}$$

6 计算并填空。

(1) $68 \div 4 = \boxed{}$

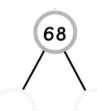

```
      □  □
4 ) 6  8
  - □  □
  ─────
    □  □
  - □  □
  ─────
       0
```

(2) $57 \div 3 = \boxed{}$

```
      □  □
3 ) 5  7
  - □  □
  ─────
    □  □
  - □  □
  ─────
       0
```

7 拉维的猫体重为4千克，他的狗的体重是猫的2倍。
拉维的体重是狗的3倍。

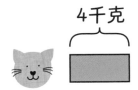

4千克

(1) 拉维的狗体重是多少？

4 × ☐ = ☐ 千克

拉维的狗体重是 ☐ 千克。

(2) 拉维的体重是多少？

4 × ☐ = ☐ 千克

拉维的体重是 ☐ 千克。

(3) 拉维、狗和猫的总体重是多少？

4 × ☐ = ☐ 千克

拉维、狗和猫的总体重是 ☐ 千克。

参考答案

第 5 页　1 (1) $3 \times 2 = 6, 3 \times 4 = 12$ (2) $3 \times 3 = 9$ (3) $3 \times 5 = 15$

第 6 页　2

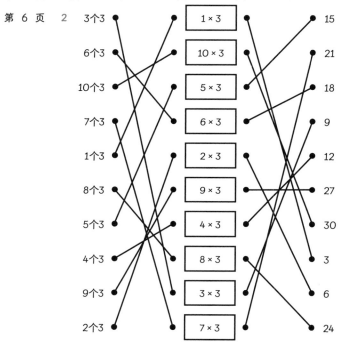

第 7 页　3 (1) 他上午烤了12个面包。(2) 他下午烤了15个面包。(3) 他上午和下午一共烤了27个面包。

第 9 页　1 (2) $2 \times 4 = 8$ (3) $3 \times 4 = 12$ (4) $4 \times 4 = 16$ (5) $5 \times 4 = 20$ (6) $6 \times 4 = 24$ (7) $7 \times 4 = 28$ (8) $8 \times 4 = 32$ (9) $9 \times 4 = 36$ (10) $10 \times 4 = 40$

第 10 页　2 $4 \times 10 = 40$。一共有40瓶饮料。3 4袋鸡肉卷有24个。

第 11 页　4 艾略特有20支铅笔。

5
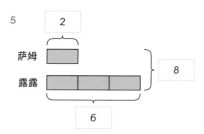

$2 \times 4 = 8$ 萨姆和露露上学期一共读了8本书。

第 13 页　1 (1) $4 \times 8 = 32$ (2) $3 \times 8 = 24$ (3) $1 \times 8 = 8$ (4) $5 \times 8 = 40$ (5) $8 \times 8 = 64$ (6) $8 \times 10 = 80$ (7) $7 \times 8 = 56$ (8) $9 \times 8 = 72$ (9) $2 \times 8 = 16$ (10) $6 \times 8 = 48$

2

8×5		32
3×8		6×4
64		8×8
4×8		4×10

第 15 页　1 (1)

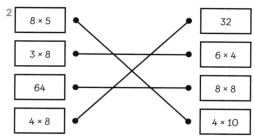

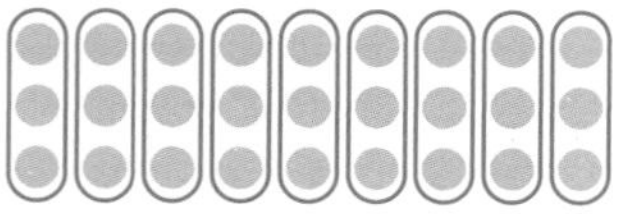

$27 \div 3 = 9$ 一共有9组棋子。

(2)

$21 \div 3 = 7$ 每组有7颗星星。

2 (1) $21 \div 3 = 7$ (2) $15 \div 3 = 5$ (3) $30 \div 3 = 10$ (4) $18 \div 3 = 6$ 3 奥克需要8个盘子。4 每块布料长9米。

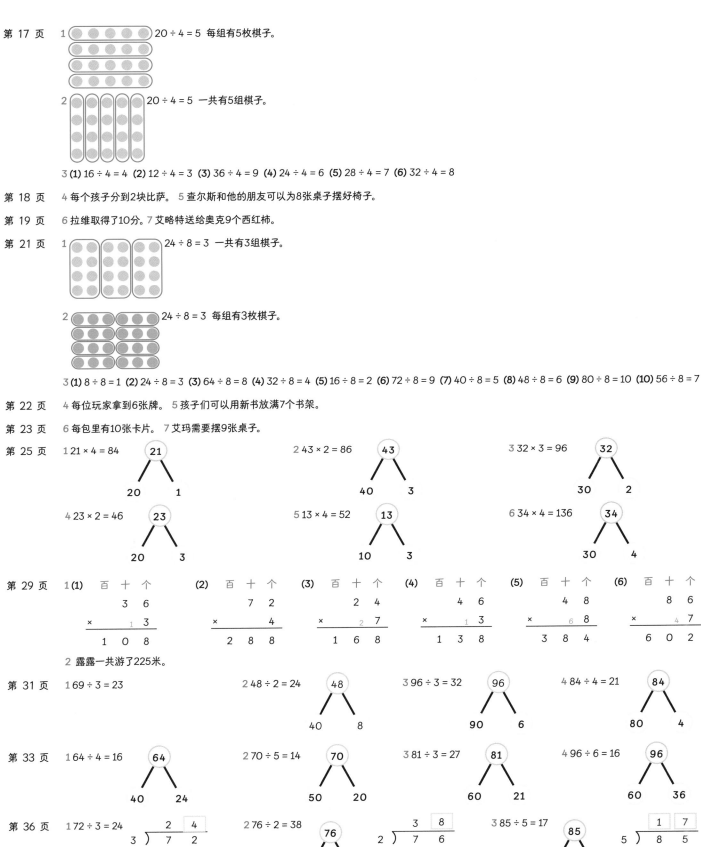

第 17 页 　1　20 ÷ 4 = 5　每组有5枚棋子。

2　20 ÷ 4 = 5　一共有5组棋子。

3 (1) 16 ÷ 4 = 4　(2) 12 ÷ 4 = 3　(3) 36 ÷ 4 = 9　(4) 24 ÷ 4 = 6　(5) 28 ÷ 4 = 7　(6) 32 ÷ 4 = 8

第 18 页 　4 每个孩子分到2块比萨。　5 查尔斯和他的朋友可以为8张桌子摆好椅子。

第 19 页 　6 拉维取得了10分。7 艾略特送给奥克9个西红柿。

第 21 页 　1　24 ÷ 8 = 3　一共有3组棋子。

2　24 ÷ 8 = 3　每组有3枚棋子。

3 (1) 8 ÷ 8 = 1　(2) 24 ÷ 8 = 3　(3) 64 ÷ 8 = 8　(4) 32 ÷ 8 = 4　(5) 16 ÷ 8 = 2　(6) 72 ÷ 8 = 9　(7) 40 ÷ 8 = 5　(8) 48 ÷ 8 = 6　(9) 80 ÷ 8 = 10　(10) 56 ÷ 8 = 7

第 22 页 　4 每位玩家拿到6张牌。　5 孩子们可以用新书放满7个书架。

第 23 页 　6 每包里有10张卡片。　7 艾玛需要摆9张桌子。

第 25 页 　1 21 × 4 = 84　21　20　1
2 43 × 2 = 86　43　40　3
3 32 × 3 = 96　32　30　2
4 23 × 2 = 46　23　20　3
5 13 × 4 = 52　13　10　3
6 34 × 4 = 136　34　30　4

第 29 页 　1 (1)　百 十 个　3 6　× 　3　1 0 8
(2) 百 十 个　7 2　× 　4　2 8 8
(3) 百 十 个　2 4　× 　2 7　1 6 8
(4) 百 十 个　4 6　× 　1 3　1 3 8
(5) 百 十 个　4 8　× 　6 8　3 8 4
(6) 百 十 个　8 6　× 　4 7　6 0 2

2 露露一共游了225米。

第 31 页 　1 69 ÷ 3 = 23
2 48 ÷ 2 = 24　48　40　8
3 96 ÷ 3 = 32　96　90　6
4 84 ÷ 4 = 21　84　80　4

第 33 页 　1 64 ÷ 4 = 16　64　40　24
2 70 ÷ 5 = 14　70　50　20
3 81 ÷ 3 = 27　81　60　21
4 96 ÷ 6 = 16　96　60　36

第 36 页 　1 72 ÷ 3 = 24
2 4
3) 7 2
－ 6 0
1 2
－ 1 2
0

2 76 ÷ 2 = 38　76　60　16
3 8
2) 7 6
－ 6 0
1 6
－ 1 6
0

3 85 ÷ 5 = 17　85　50　35
1 7
5) 8 5
－ 5 0
3 5
－ 3 5
0

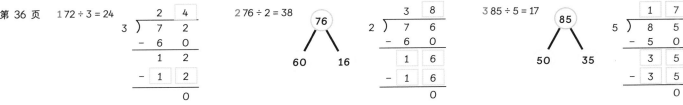

第 37 页　4 87 ÷ 3 = 29

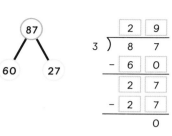

5 萨姆9岁了，他的弟弟5岁了。

第 39 页　1 96 ÷ 6 = 16　　　2 91 ÷ 7 = 13　　　3 85 ÷ 5 = 17
　　　　　4 75 ÷ 5 = 15　　　5 96 ÷ 4 = 24　　　6 94 ÷ 2 = 47

第 40 页　1 (1) 3 × 7 = 21 (2) 3 × 4 = 12 (3) 3 × 3 = 9 (4) 8 × 3 = 24 (5) 一共4盘小蛋糕，每盘3个。 3 × 4 = 12 (6) 一共5排棋子，每排3枚。3 × 5 = 15

第 41 页　2 (1) 4 × 9 = 36 (2) 4 × 8 = 32 (3) 4 × 5 = 20 (4) 7 × 4 = 28 (5) 一共4排棋子，每排4枚。4 × 4 = 16 (6) 一共9排棋子，每排5枚。9 × 5 = 45

第 42 页　3

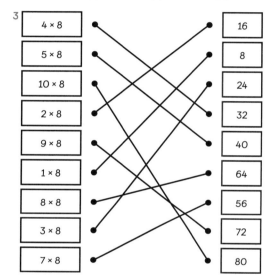

第 43 页　4 (1) 27 ÷ 3 = 9 (2) 30 ÷ 10 = 3 (3) 32 ÷ 4 = 8 (4) 32 ÷ 8 = 4

5 (1) 40 ÷ 4 = 10

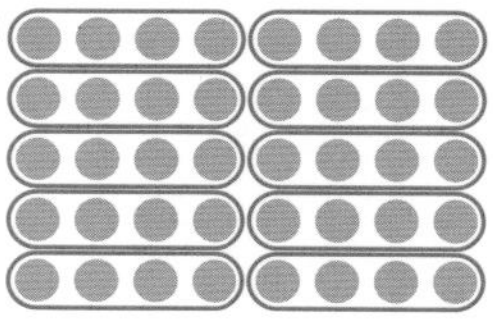

(2) 40 ÷ 8 = 5

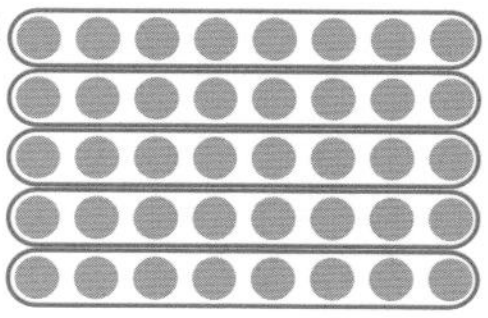

第 44 页　(3) 40 ÷ 4 = 10

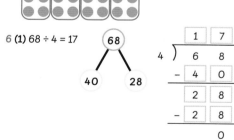

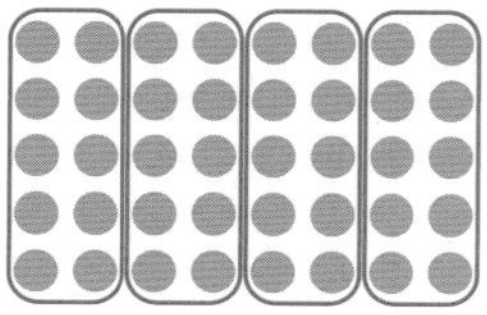

(4) 40 ÷ 8 = 5

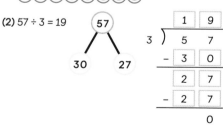

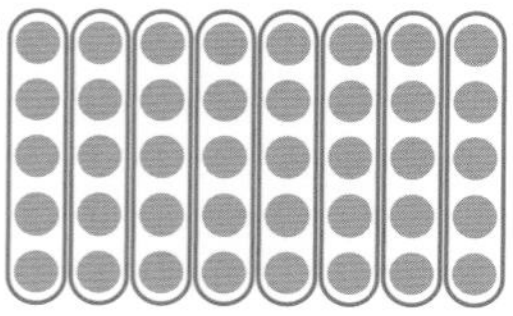

6 (1) 68 ÷ 4 = 17

(2) 57 ÷ 3 = 19

第 45 页　7 (1) 4 × 2 = 8千克。拉维的狗的体重是8千克。(2) 4 × 6 = 24千克。拉维的体重是24千克。(3) 4 × 9 = 36千克。拉维、狗和猫的总体重是36千克。